Bindu Sebastian
Adarsh K. S.
Vinod J. Thomas

Manual de laboratório de engenharia de comunicações analógicas e digitais Volume-1

Bindu Sebastian
Adarsh K. S.
Vinod J. Thomas

Manual de laboratório de engenharia de comunicações analógicas e digitais Volume-1

ScienciaScripts

Imprint

Cover image: www.ingimage.com

This book is a translation from the original published under ISBN 978-3-659-82074-8.

Publisher:
Sciencia Scripts
is a trademark of
Dodo Books Indian Ocean Ltd. and OmniScriptum S.R.L publishing group

120 High Road, East Finchley, London, N2 9ED, United Kingdom
Str. Armeneasca 28/1, office 1, Chisinau MD-2012, Republic of Moldova, Europe
Printed at: see last page
ISBN: 978-620-8-28924-9

INTRODUÇÃO

A comunicação é a transferência de informação de um ponto no espaço e no tempo para outro ponto. Basicamente, existem dois tipos de sistemas de comunicação: analógico e digital.

A comunicação analógica consiste na transferência de uma forma de onda analógica contendo informações entre dois utilizadores. Exemplos típicos em que a informação analógica é transmitida desta forma são a rádio de difusão musical Voz, rádio de banda do cidadão, rádio amador, walkie-talkies, rádio celular ... Todos os sinais naturais são analógicos por natureza. A comunicação analógica inclui AM, FM, PWM, PPM, PAM, etc.

Os sinais digitais são discretos no tempo e no valor. Os sinais digitais são sinais que são representados por números binários, "1" ou "0". Os valores 1 e 0 podem corresponder a diferentes valores discretos de tensão, e qualquer sinal que não se enquadre perfeitamente no esquema é arredondado.

Os sinais digitais são versões amostradas, quantizadas e codificadas dos sinais de tempo contínuo que representam. Além disso, algumas técnicas também submetem o sinal a encriptação para tornar o sistema mais tolerante ao canal. A comunicação digital inclui vários esquemas como ASK, PSK, FSK, etc.

Neste manual são projectados circuitos de comunicação analógicos e digitais e diferentes tipos de esquemas de modulação e desmodulação.

ÍNDICE DE CONTEÚDOS

Experiência n.º 1

GERAÇÃO DSB-FC AM

OBJECTIVO:

Conceber e montar um circuito para gerar AM DSB-FC e medir o seu índice de modulação

COMPONENTES NECESSÁRIOS:

Transístor -BF194, resistências, condensadores, gerador de sinais, CRO, placa de ensaio, etc.

TEORIA

A modulação é necessária num sistema de comunicação para atingir as seguintes necessidades básicas: permite a multiplexagem, reduz a altura da antena, reduz o ruído e as interferências, etc.

Na modulação de amplitude (AM), a amplitude instantânea do sinal portador é variada pela amplitude instantânea da tensão de modulação. É possível tornar a corrente de saída de um amplificador de classe C proporcional ao sinal de modulação aplicando a tensão de modulação em série com a tensão de polarização dc do amplificador. O sinal portador é gerado pelos circuitos do tanque.

A relação entre a amplitude máxima da tensão de modulação (Vm) e a da tensão portadora (Vc) é definida como o índice de modulação (m). Ou seja, m= Vm / Vc, também m=(Vmax-Vmin) / (Vmax+Vmin) . O valor máximo do índice de modulação (m) é a unidade. É possível variar a saída do amplificador de classe C proporcionalmente ao sinal de modulação aplicado ao terminal de base do transístor. Na figura. É mostrado o capacitor Cc que faz o acoplamento CA do sinal modulante à base. O amplificador de classe C que utiliza transístor NPN conduz corrente apenas na metade positiva do sinal de entrada. O circuito tanque gera o meio ciclo negativo. O circuito gera uma frequência portadora de 455KHz, uma vez que um IFT sintonizado a 455KHz é utilizado como circuito tanque. A frequência intermédia do sinal AM é de cerca de 455 KHz.

DIAGRAMA DO CIRCUITO

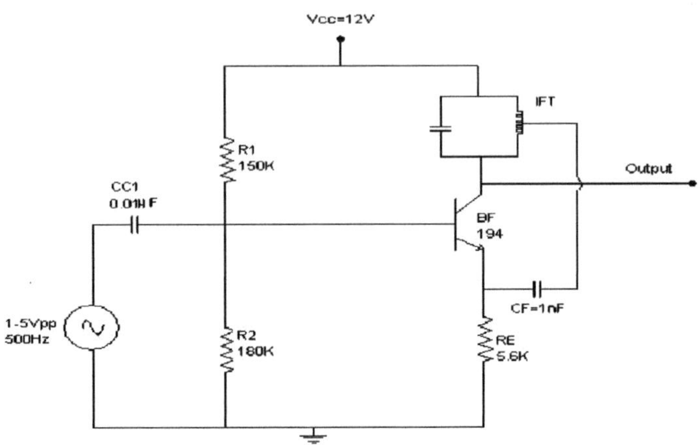

DESENHO:

Let Vcc =12v, Ic=1mA

V_{CE} =50% of Vcc =6V

V_{RE} =50 % of Vcc =6V

<u>Design of</u> R_E

V_{RE} =6V

$I_E R_E$ =6V

R_E= 6/1mA =5.6KΩ

<u>Design of R1,R2</u>

Stability factor S=15

$S=1+R_B/R_E=15$

R_B=15R_E=84KΩ ………………(1)

R_B =R1||R2 ……………………(2)

R1R2/R1+R2 =84KΩ

V_{R2} ==V_{CC} (R2/R1+R2) =6.6V

R2/R1+R2 =0.55 ……………(3)

Substitute (3) in (1)

R1*0.55 =84kΩ

R1 =152.72kΩ use 150kΩ

Put R1 =150K ,

R2 =0.55(R1+R2) =180kΩ

Design of C_E

F_L=1/ (2 * π * R * C)

X_{CE}=R_E/10 =6KΩ/10 =600Ω

F=455KHZ

C=1/2*π*455*600*10^3

=0.58nF

Use C_E=1nF

Design of Cc1

F=1/ (2 * π * Rin * C_{C1})

F=50hz

Rin = R1 // R2 // hie

Hie = 1K

Cc1=1/2*π*Rin *f

Cc1=6.1*10^{-6} =0.01μF

COLUNA TABULAR

Vmax (mV)	Vmin (mV)	m= (Vmax-Vmin)/ (Vmax+Vmin)

GRÁFICO PREVISTO

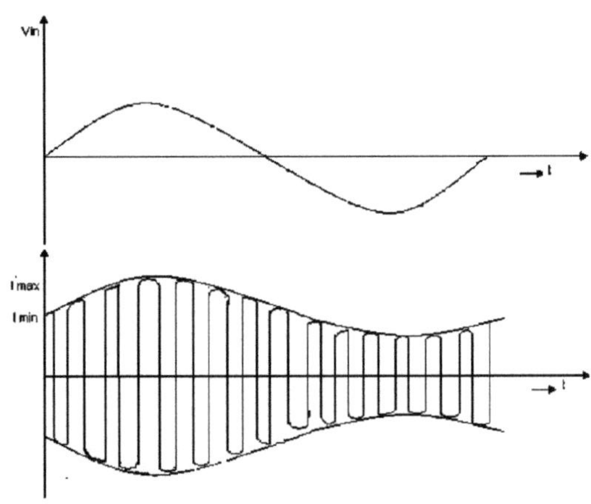

PROCEDIMENTO:

1. Verificar se o circuito está a funcionar como um amplificador com uma resistência de 10K em vez de IFT no circuito de coletor.
2. Substituir a resistência do coletor por IFT e capacitância.
3. O sinal de mensagem de entrada de 1,5 Vpp de 500hz é aplicado à base.
4. Ajustar a amplitude para obter o sinal AM da saída.
5. Anote Vmax e Vmin do sinal AM e calcule o índice de modulação utilizando a fórmula dada.

RESULTADO:

O circuito para gerar o DSBAM usando modulação de base foi projetado e montado e o seu índice de modulação foi calculado.

Índice de modulação =

Experiência No:2

DETECÇÃO AM

AIM

Conceber e montar um circuito detetor de AM.

COMPONENTES NECESSÁRIOS:

Díodo -OA79, resistências, condensador

TEORIA

O desmodulador AM mais simples é o detetor de envelope de díodos ou detetor linear. Chama-se detetor de envelope porque recupera o sinal AM a partir do sinal composto. O detetor de díodos é chamado detetor linear porque a sua saída é proporcional à tensão do sinal de entrada. São bem adoptados para utilização em unidades simples de controlo automático de ganho.

No detetor de envelope de diodo, o diodo é ligado em série com a carga RC paralela. O díodo no circuito elimina os meios ciclos negativos do sinal AM. A retificação de sinais de alta freqüência não é possível com um diodo comum. Durante os semiciclos positivos da onda modulada, o díodo conduz, enquanto que durante os semiciclos negativos, não conduz. Entre os picos, um pequeno valor de carga é libertado através de R1, que é reabastecido no próximo meio ciclo. O resultado é a tensão Vo, que reproduz corretamente a tensão de modulação, com exceção de uma pequena quantidade de ondulação de RF. A constante de tempo RC deve ser suficientemente baixa para manter a ondulação de RF tão pequena quanto possível, mas suficientemente grande para acompanhar a variação rápida da modulação.

DIAGRAMA DO CIRCUITO

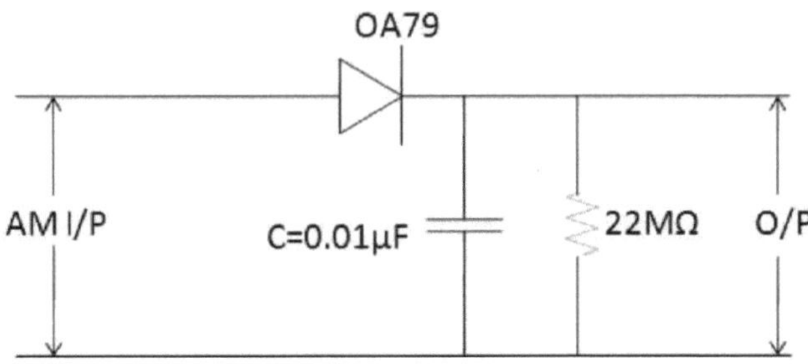

DESENHO

Selecionar o díodo OA79, uma vez que o sinal de alta frequência deve ser rectificado. A constante de tempo RC deve ser superior ao período de um sinal AM. Ou seja, RC >> período de tempo do sinal RF.

Assumir C=0,01µF

GRÁFICO PREVISTO

RC = 100T

T = 1/f = 1/500 = 2 *10^-3

R =100*2*10^-3/.01*10^-6 = 20MΩ = 22 MΩ std

Entrada AM

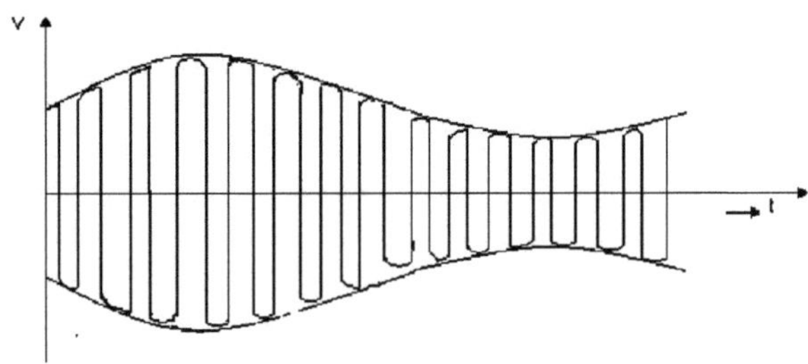

Saída demodulada

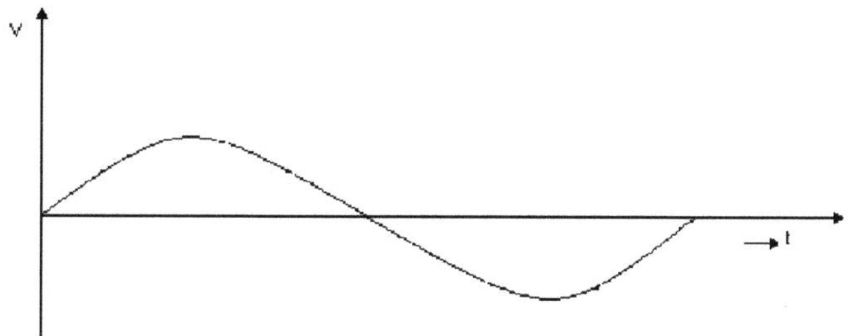

PROCEDIMENTO:

1. Montar o circuito depois de verificar as condições dos componentes.
2. Introduzir o sinal AM na entrada do circuito.
3. Observar a forma de onda de saída num ecrã CRO.

RESULTADO

Foi projetado e montado um circuito desmodulador AM.

Experiência n.º 3

MODULAÇÃO POR LARGURA DE PULSO

AIM

Conceber e configurar o PWM utilizando o amplificador operacional.

COMPONENTES NECESSÁRIOS: -

Op-amp IC 741, resistências, condensador, potenciómetro, gerador de sinais, CRO, placa de ensaio, fonte de alimentação, etc.

TEORIA

A modulação por largura de impulsos (PWM) pertence à categoria de modulação analógica de impulsos porque o sinal de modulação é de natureza analógica. A PWM é também conhecida como modulação da duração do impulso (PDM) ou modulação do comprimento do impulso (PLM). Utiliza a vantagem de impulsos de amplitude constante. No PWM, a largura do impulso varia de acordo com a amplitude do sinal de mensagem. A largura do impulso varia em relação à posição de referência. A borda ascendente do pulso é a referência e o tempo de arrasto é determinado pelo sinal de modulação. A energia necessária para a transmissão de PWM é maior no caso da transmissão de PWM em comparação com PCM.

O PWM pode ser gerado utilizando um comparador, ao qual são alimentados o sinal a ser modulado e uma forma de onda de rampa de referência. Considere-se o diagrama de circuito apresentado na figura. A onda em dente de serra é alimentada no terminal inversor e a onda modulada é alimentada no terminal não inversor do comparador. Quando a amplitude instantânea do sinal modulado for superior à da referência, a saída da varredura estará em saturação positiva $+v_{sat}$. Caso contrário, a saída estará em saturação negativa $-v_{sat}$

DIAGRAMA DO CIRCUITO

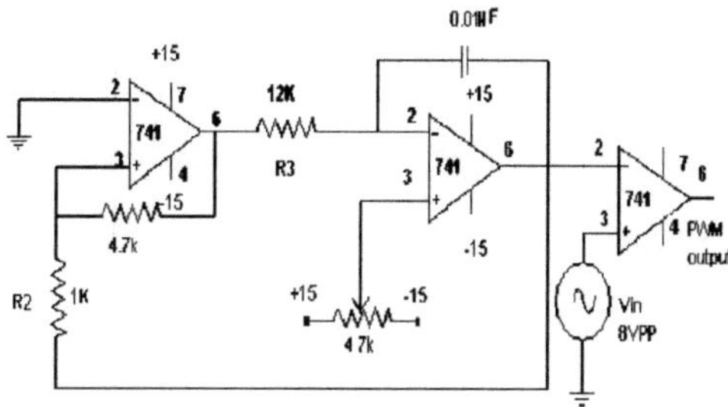

DESENHO

Utilize V+ =15v e V- = -15v de tensão de polarização para o amplificador operacional. Deixe a frequência máxima do sinal de modulação ser 1KHz. De acordo com o teorema da amostragem, a frequência de varrimento é 5KHz.

Frequência da rampa

$$F=R1/\ (4R_2*R_3*\ C$$

$$Vopp = (2R_2/R_1) * VSAT$$

Let Vopp =10, Vsat =13V, R_2 =1KΩ, C=0.01μF

$$R_1= (2*1K*13)/10 = 2.6K \cong 4.7K\Omega std$$

$$F= 2.6/\ 4*1K*R_3*.01*10\text{^} -6\ = 5KHZ$$

$$R_3 = R_1 / (4 * R_2 * C * F)$$

R_3 =13KΩ use 12KΩstd

GRÁFICO PREVISTO

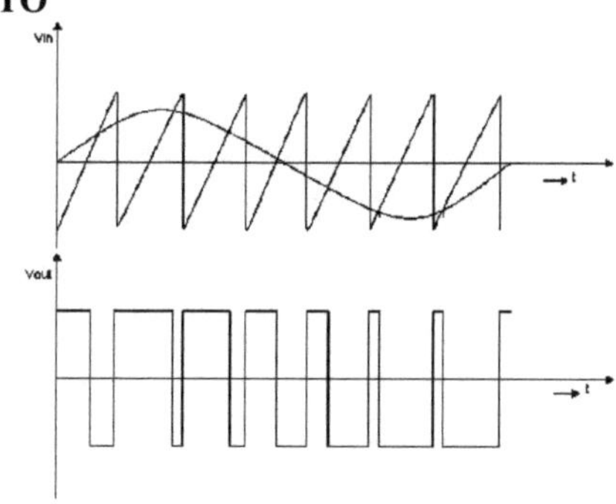

PROCEDIMENTO

1. Montar o circuito depois de verificar o estado do OP-AMP.
2. Configurar apenas o circuito do gerador de varrimento e observar a forma de onda. Ajustar o potenciómetro faz com que a forma de onda seja 10v, 1khz.
3. Completar o circuito e alimentar uma onda sinusoidal de 6Vpp,500 Hz como tensão de modulação.
4. Observar a saída PWM no ecrã CRO.

RESULTADO:

A modulação por largura de pulso utilizando amplificador operacional é concebida e configurada e a onda de saída é traçada.

Experiência n.º 4

MODULADOR E DESMODULADOR PAM

AIM

Conceber e configurar o modulador e o desmodulador PAM.

COMPONENTES NECESSÁRIOS:

IC -CD4016, resistências, condensadores, gerador de sinais, CRO, etc.

TEORIA

No sistema de comunicação PAM, as formas de onda contínuas são amostradas a intervalos regulares e transmitidas juntamente com impulsos de sincronização. O PAM pode ser definido como o tipo de modulação em que as amplitudes dos impulsos rectangulares regularmente espaçados variam de acordo com o valor instantâneo do sinal de modulação ou de mensagem. De facto, os impulsos num PAM podem ser de topo plano, de tipo natural ou de tipo ideal. Destes três métodos de modulação de amplitude de impulsos, o PAM de topo plano é o mais popular e amplamente utilizado. Isto deve-se ao facto de, durante a transmissão, o ruído interferir com a parte superior dos impulsos transmitidos e este ruído poder ser facilmente eliminado se o impulso PAM tiver uma parte superior plana.

A forma de onda original pode ser reconstruída a partir das amostras na extremidade recetora se a amostragem for efectuada de acordo com o teorema da amostragem. O método básico de geração de PAM é que o sinal a ser modulado deve ser alimentado a um interrutor que é acionado pelo sinal de amostragem. O PAM é o tipo mais simples de modulação de impulsos e é semelhante à modulação de amplitude normal. A largura de banda necessária para a transmissão de um sinal PAM é muito grande em comparação com a frequência máxima presente no sinal de modulação. Neste caso, a interferência do ruído é máxima. O desmodulador PAM é apenas um detetor de envelope.

DIAGRAMA DO CIRCUITO

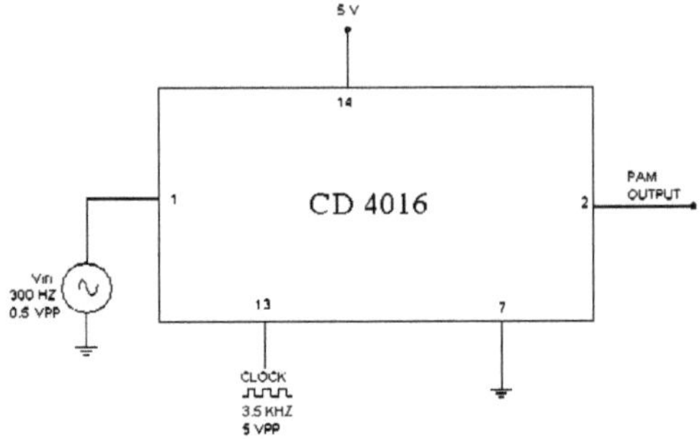

Pinagem do CD4016

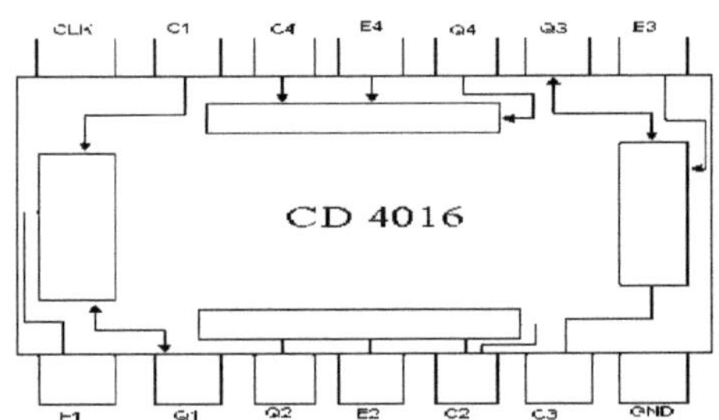

DEMODULADOR

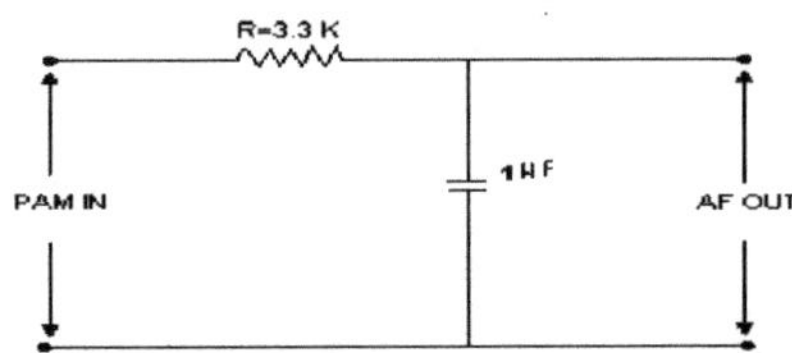

DESENHO

Para uma melhor integração RC 15T

Em que T = 1/frequência do relógio

Deixar a frequência do relógio = 10 kHz

Assim, T = 1/10 kHz = $100*W^{-6}$ seg

Tome C =1μF.então R deve ser maior que 1500Ω

Tome R =3,3kΩ

FORMA DE ONDA ESPERADA:

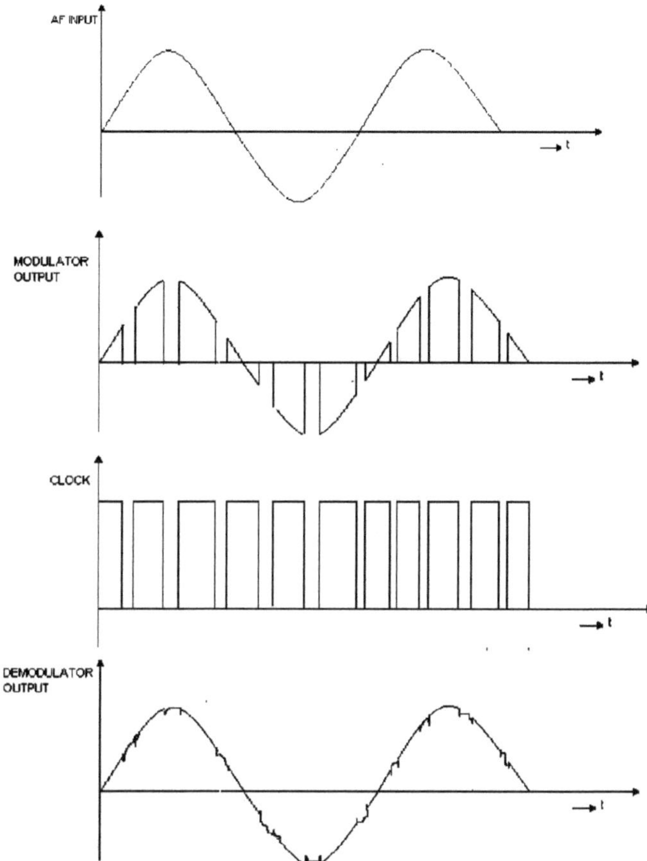

PROCEDIMENTO

1. Montar o circuito na placa de ensaio e ligar a fonte de alimentação e o gerador de sinais.
2. Aplicar a entrada de frequência e amplitude adequadas.
3. Observar a forma de onda de saída no CRO.
4. Montar o circuito desmodulador, alimentar o sinal PAM e observar a saída desmodulada.

RESULTADO

O modulador de amplitude de impulsos e o desmodulador são concebidos e montados.

Experiência n.º 5

MISTURADOR DE FREQUÊNCIAS

AIM

Projetar e montar um misturador de frequências para produzir uma frequência de saída de 455 KHz a partir de duas frequências de entrada.

COMPONENTES NECESSÁRIOS:

Transístor :BF194, Resistências, condensadores, IFT, gerador de sinais, bread board, CRO.

TEORIA

Os receptores de radiofrequência sintonizados são os precursores dos actuais receptores super heteródinos. Nos receptores TRF, a frequência da estação de entrada é alimentada diretamente ao detetor. Para ultrapassar este problema, são utilizados os receptores super heteródinos (SHF). Os receptores SHF reduzem o sinal de alta frequência de entrada para uma frequência moderadamente baixa, designada por frequência intermédia, sem perder o conteúdo da informação. Isto é feito misturando o sinal de entrada com uma frequência gerada localmente para produzir a frequência intermédia.

O princípio de funcionamento do misturador é o seguinte: quando duas frequências de sinal são introduzidas no misturador, este emite algumas frequências, incluindo as frequências de entrada originais e as versões de soma e diferença das frequências de entrada. Pode ser utilizado um filtro para selecionar a frequência pretendida.

DIAGRAMA DE CIRCUITO:

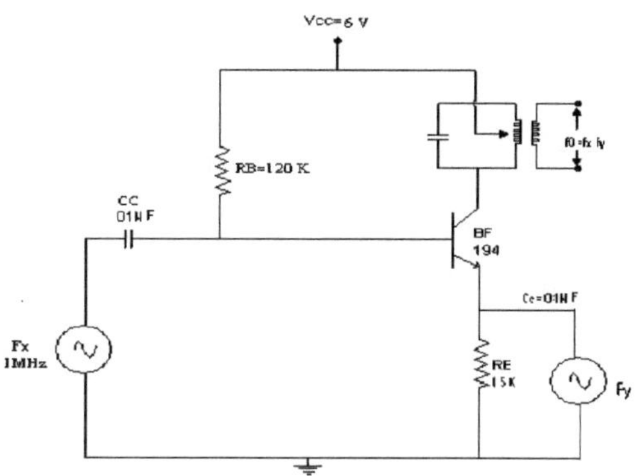

DESENHO:

Seja Vcc=6V, I_C =2mA, hfe =100

VCE =VRE =3v

IB min = Ic / hfe

$=2*10^{-3}/100 = 20\mu A$

VB = VBE + VRE =0,6 +3 =3,6 v

RB = (Vcc -VB) / IB= (6-3,6) /$20*10^{-6}$ = 120K

$I_B = 20*10^{-6}$

$R_E = V_{RE} / I_E$ =3V/2mA =1,5KΩ

Assumir C=0,01µF

COLUNA TABULAR

F x	Fy	Fo= Fx –Fy	Vo

GRÁFICO PREVISTO

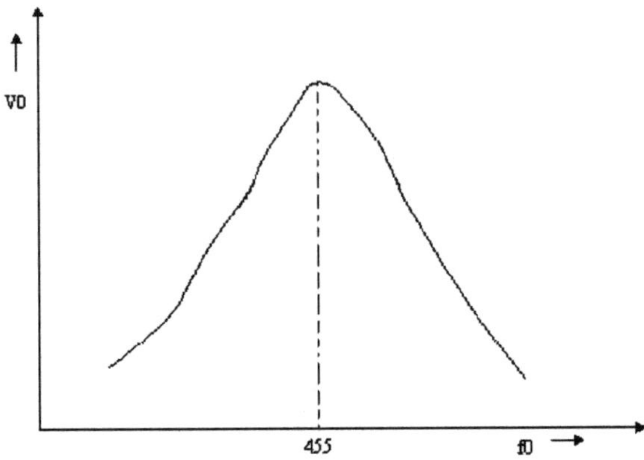

PROCEDIMENTO

1. Montar o circuito na placa de ensaio e ligar a alimentação Vcc
2. Ligar o gerador de sinais Vinland Vin2 com Vinlas 100 mv, 100Hz e Vin2 como 100MV, 550 kHz.
3. Observar a saída no CRO.

RESULTADO

Conceber e montar um circuito conversor de frequência utilizando transístores para produzir uma frequência de saída de 455 kHz a partir de duas frequências de entrada.

Experiência n.º 6

MODULAÇÃO DE FREQUÊNCIA

OBJECTIVO:

Conceber e montar um circuito de modulação em frequência.

COMPONENTES NECESSÁRIOS:

IC CD4046, Resistência, Condensadores, CRO, Gerador de sinais, Fonte de alimentação, Bread Board.

TEORIA

O modulador de frequência pode ser configurado utilizando o VCO dentro do chip PLL A frequência portadora do modulador pode ser decidida selecionando os valores apropriados para R1 e Cl. O sinal de modulação é alimentado à entrada do VCO.

No desmodulador, o PLL é bloqueado no sinal de entrada FM, o VCO segue a frequência instantânea do sinal. O comparador de fase fornece uma tensão de saída proporcional ao desvio de frequência da entrada FM. O comparador de fase -l (PC-l)) é o PLL utilizado aqui porque com o PC2, se a entrada for uma onda sinusoidal, a frequência deve ser superior a 10KHz. Além disso, o PC-1 tem melhores caraterísticas de rejeição de ruído de entrada de sinal. A frequência do VCO do modulador e do desmodulador deve ser a mesma.

DIAGRAMA DE CIRCUITO:

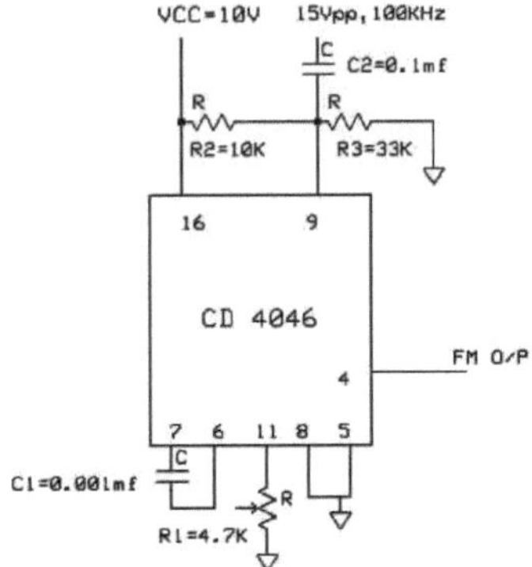

Diagrama de pinos do 4046:

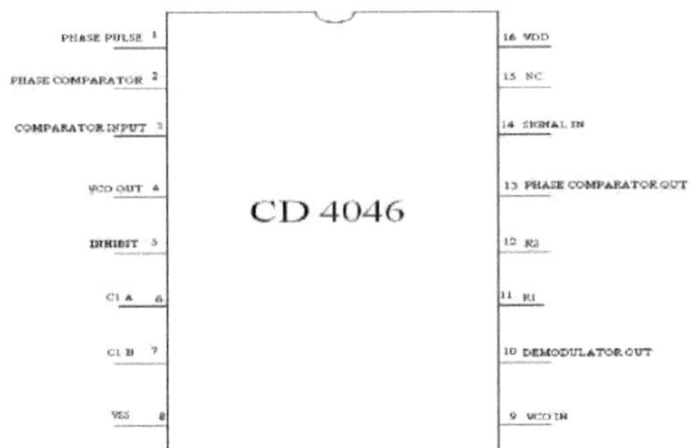

DESENHO

Seja V=Vcc=10v

Tensão de controlo Vc=V*R3/(R3+R2)

Vc deve situar-se entre 3/4 da tensão V e a tensão V

Vc=3/4*10 =7,5

Seja R2=10KΩ

7,5=10*R3/(10*10^3+R3)

7.5*R3+7.5*10*10^3=10*R3

75*10^3=2.5*R3

R3=30KΩ (33KΩ std)

Frequência produzida pelo VCO=f=2,4(V-Vc)/V*R1*C1

Seja f=100 KHz

R1=4,7KΩ

100*10^3=2.4(10-7.5)/10*4.7* 10^3*C1

C1=2.4*2.5/100/10^3*4.7*10^3 = 1.29*10^-9

C1=0,0012*10^-6 = 0,0012μF

Definir C2=0,1μF

Forma de onda esperada

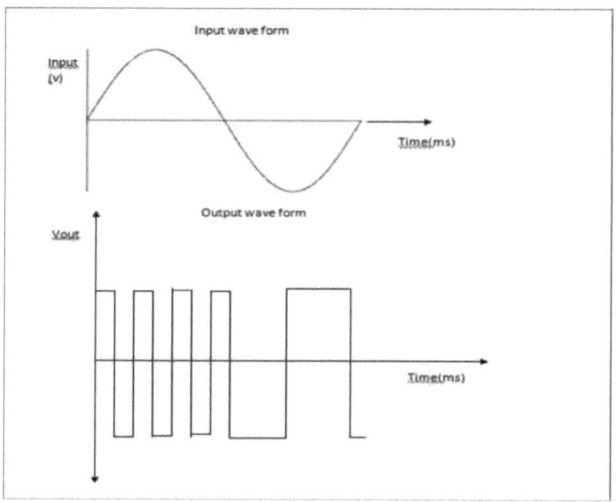

PPROCEDIMENTO

1. Depois de testar os componentes, montar o circuito como indicado na figura.
2. Traçar manualmente o circuito para verificar a correção da ligação física.
3. Definir as tensões de polarização e o sinal de entrada.
4. Completar a montagem experimental ligando o circuito amplificador à fonte de alimentação e ao CRO.

RISULTATO

Projeto e montagem de um modulador de frequência utilizando o CD4046.

Experiência nº: 7

MODULAÇÃO DE POSIÇÃO DE IMPULSOS

OBJECTIVO:

Conceber e configurar um PPM utilizando o 555 IC.

COMPONENTES E EQUIPAMENTOS NECESSÁRIOS:

555 IC, resistências, condensadores, díodos, fonte de alimentação DC, gerador de sinais, placa de ensaio e CRO.

TEORIA:

No PPM, a posição dos impulsos portadores a partir de uma posição de referência é variada de acordo com o sinal de modulação. Pode ser obtida accionando o multivibrador monoestável utilizando o sinal PWM. Na primeira figura, o circuito monoestável 555 gera um sinal PWM. A sua largura de impulso é variada de acordo com o sinal de modulação.

A modulação PPM é efectuada através da conversão de PPM em PWM por um flipflop RS que utiliza duas portas NAND. Os impulsos de relógio e os sinais PPM são alimentados nas entradas S e R, respetivamente. Finalmente, o sinal PWM é convertido numa entrada analógica utilizando um integrador.

DIAGRAMA DE CIRCUITO:

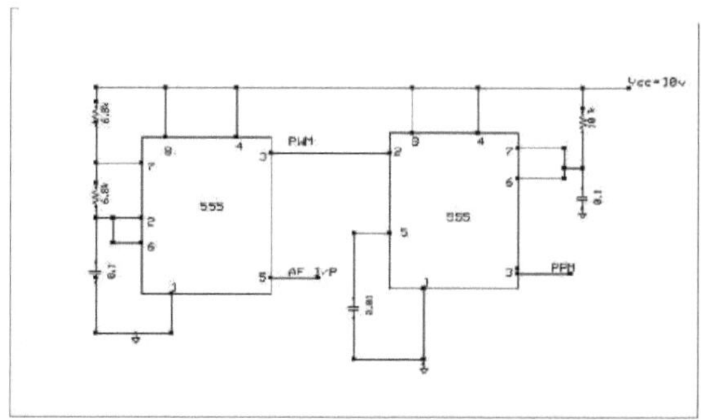

DESENHO:

O primeiro 555 actua como um multivibrador astável e o segundo como um multivibrador monoestável.

Projeto de um multivibrador astável:

Tome Vcc=5V, Tc=1ms e Td=0,5ms

Temos Tc>=0,69(Ra+Rb)C e

Td=0,69*Rb*C

Tomemos C=0,1µF

Então Ra=Rb=6,8KΩ

Projeto de multivibrador monoestável

Duração do impulso de tomada T=1ms

Temos T=1.1RC

Tomemos R=10K e C=0,1µF

FORMA DE ONDA PREVISTA

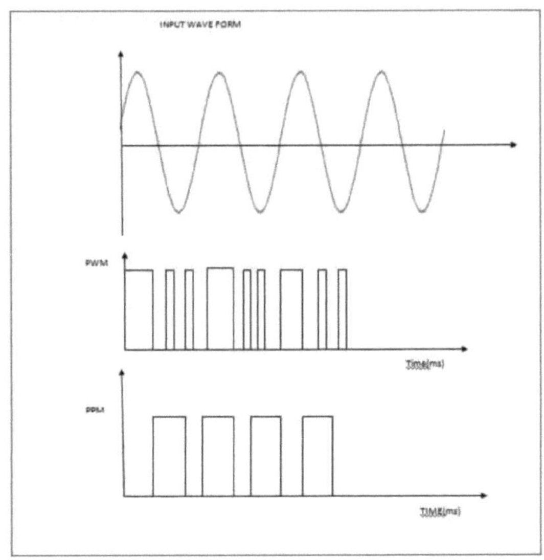

PROCEDIMENTO

1. configurar o circuito PWM, alimentar o sinal de modulação de onda sinusoidal com amplitude 10 Vpp, 100Hz e sinal portador como amplitude de disparo 10 Vpp, 500Hz, observar a saída do sinal PWM.

2. Montar o segundo circuito monoestável e alimentar o circuito com PWM e observar a saída PPM.

RESULTADO

Concebeu e configurou o circuito de modulação de posição de impulsos.

LABORATÓRIO DE COMUNICAÇÃO DIGITAL

Experiência n.º 8

CIRCUITO DE AMOSTRAGEM E RETENÇÃO

AIM

Conceber e montar um circuito de amostragem e retenção e observar a saída no CRO .

COMPONENTES NECESSÁRIOS

IC CD 4016, 741C, condensador, CRO, gerador de sinais, fonte de alimentação, placa de pão, etc.

TEORIA

O circuito de amostragem e retenção recolhe amostras do sinal de entrada e mantém o seu valor até que a entrada seja novamente recolhida. Este circuito é muito útil num sistema ADC. É constituído por um amplificador de ganho unitário e baixa impedância de saída, um comutador e um condensador, assumindo-se que a impedância de carga é grande. O interrutor é programado para fechar apenas durante um pequeno período T de cada impulso de amostragem, durante o qual o condensador se carrega rapidamente até atingir um nível de tensão igual ao da amostra de entrada. Quando o interrutor é aberto, o condensador volta ao nível de tensão até ao próximo fecho do interrutor. Assim, o circuito de amostragem e retenção produz uma forma de onda de saída que representa uma interpolação em escada do sinal analógico original.

DIAGRAMA DO CIRCUITO

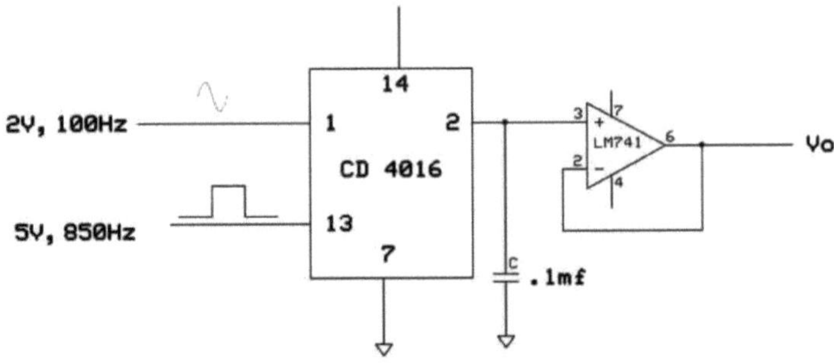

DESENHO

Fin = 100Hz , $Fs \geq 2Fmax$

Fs = 10KHz

Rin = 2MΩ

$Ts < RinC$

C> 0.1ms/2 MΩ = 0.1µf

FORMAS DE ONDA ESPERADAS

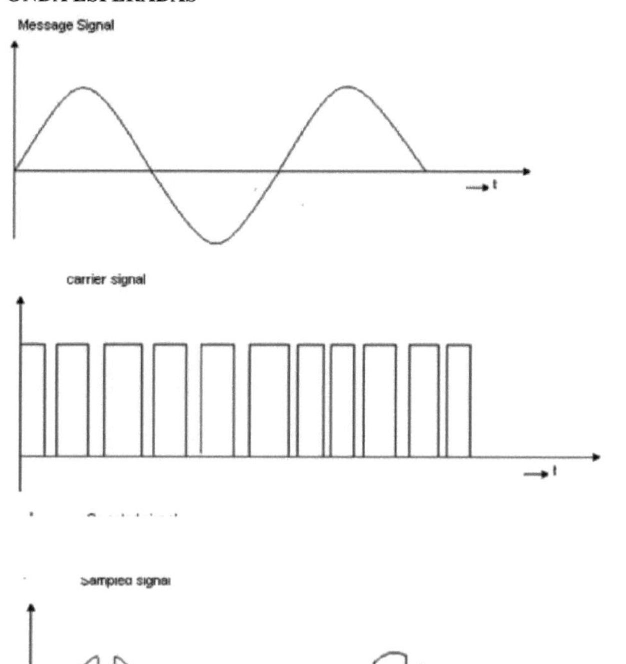

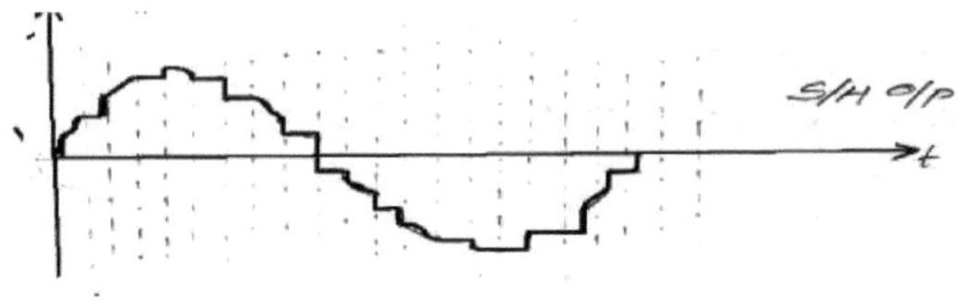

PROCEDIMENTO

1. Montar o circuito. Introduzir um sinal de entrada de 100HZ desde a onda até à entrada.
2. Um impulso de relógio de 5V,1KHZ é alimentado à entrada de controlo do CD 4016
3. Observar a saída no CRO.

RESULTADO

O circuito de amostragem e retenção foi concebido e configurado, também observou a saída no CRO.

Experiência No:9

MODULADOR E DESMODULADOR DE SK

AIM

Conceber e configurar um circuito para modulador e desmodulador ASK utilizando o AD633

COMPONENTES NECESSÁRIOS

IC AD 633, resistência, condensador, CRO, gerador de sinais, etc.

TEORIA

Se a amplitude da portadora for comutada em função do sinal digital de entrada, designa-se por chaveamento por deslocação da amplitude (ASK). ASK ou ON-OFF keying (OOK) é a técnica de modulação digital mais simples. Neste método, existe apenas uma portadora de energia unitária que é ligada e desligada consoante a sequência binária de entrada. Para o símbolo zero não é transmitido qualquer sinal. Para transmitir o símbolo um, é transmitido um sinal.

A sequência binária de entrada é aplicada ao modulador de produto, que passa a portadora quando o bit de entrada é um e bloqueia a portadora quando o bit de entrada é zero.

No desmodulador, o sinal ASK é aplicado ao correlacionador, que consiste num multiplicador e num integrador, e a portadora coerente gerada localmente é aplicada aos multiplicadores, sendo a saída do multiplicador integrada num período de um bit, obtendo-se assim o sinal desmodulado.

INTERNAL DIAGRAM OF AD 633

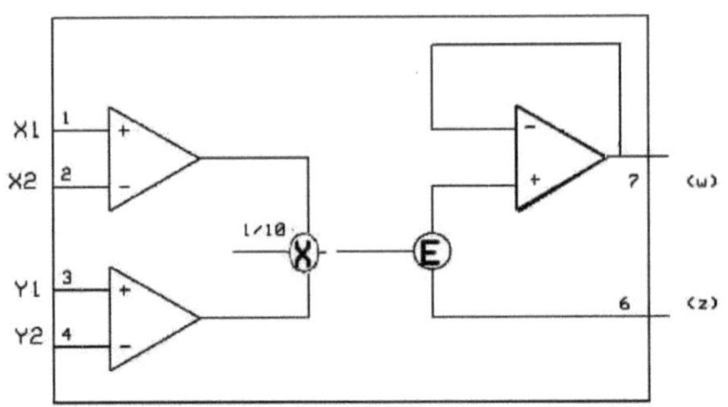

DIAGRAMA DO CIRCUITO

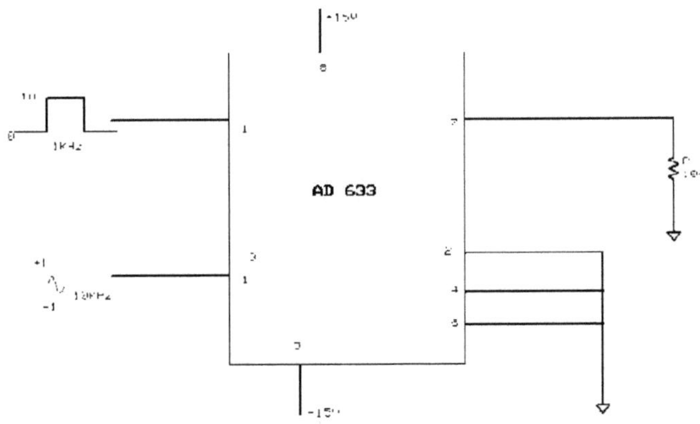

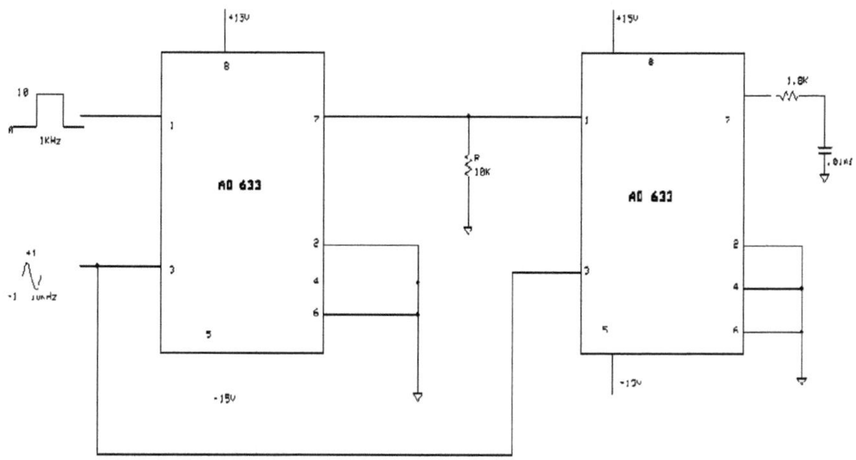

DESENHO

Fc = 1/2πRC

Selecionar fc =10KHz, C = 0,01

R = 1,8K

Forma de onda esperada

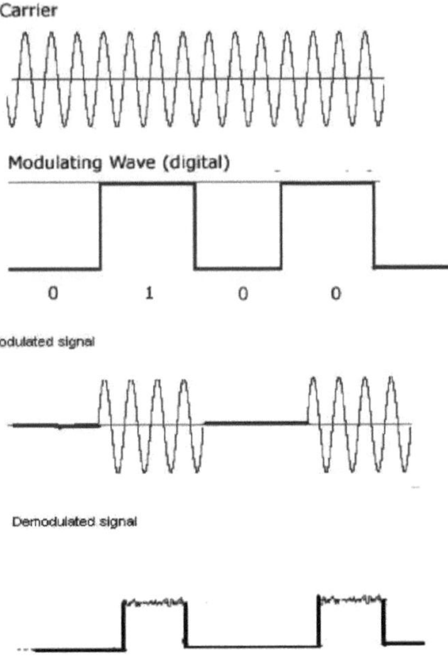

PROCEDIMENTO

Um pulso de 10V, 1KHZ e um sinal sinusoidal de 4Vpp e 10KHZ são dados ao sinal de modulação e portadora, respetivamente, e a saída do modulador ASK é obtida no pino 7. O sinal ASK e o sinal da portadora são dados como entrada para o AD633. A saída é dada ao integrador e a saída do demodulador é obtida.

RESULTADO

Um circuito de modulação e desmodulação ASK foi concebido e configurado utilizando o AD633 e traçou as formas de onda de saída.

Experiência n.º 10

MODULADOR E DESMODULADOR PSK

AIM

Projetar e montar um circuito modulador e desmodulador PSK utilizando o AD633.

COMPONENTES NECESSÁRIOS

IC AD633,Resistor,Condensador,CRO,Gerador de sinais,Fonte de alimentação,Bread board etc.

TEORIA

Os três esquemas básicos de modulação são ASK, PSK e FSK. No sistema PSK binário coerente, o par de sinais S(t) e S2(t) é utilizado para representar 1 e 0 binários, respetivamente, e é definido como

Símbolo 1, s(t)=(√2Eb/Tb). Cos 2nfct

símbolo 0,=S2(t)=)=(√2Eb/Tb). Cos(2π fct+π).

Ou seja =(√2Eb/Tb). Cos 2nfct onde $0 \leq t \leq Tb$.

No modulador PSK, a amplitude e a frequência são fixas. Mas a fase tem o valor 0 para o binário 1 e 180 ou n radianos para o binário 0. O modulador PSK pode ser obtido com a ajuda de um modulador de produto AD633.

O esquema do multiplicador AD 633 é apresentado na figura. O AD 633 é um CI multiplicador analógico de quatro quadrantes. Inclui entradas diferenciais de alta impedância X e Y e uma entrada de soma de alta impedância (z). A fonte de alimentação varia de +8V a +18V. A saída diferencial X1-X2 e Y1-Y2 é aplicada ao multiplicador. A saída de um multiplicador (X1-X2) (Y1-Y2)/10 é então aplicada a uma referência zener. Portanto, em geral, a saída (X1-X2) (Y1-Y2)/10 + z. Para obter PSK, fazemos Y2 = X2 = z = 0, o que dá saída V0 = X1Y1/10 no pino nº 7. A onda portadora é dada em X1, que é uma onda sinusoidal, e um trem de impulsos positivos é aplicado em Y1.

Os esquemas de deteção coerente são as tecnologias de desmodulação mais simples e mais fáceis. Neste caso, a portadora original sem desmodulação é utilizada para desmodular o PSK. É evidente que a multiplicação instantânea do PSK com a portadora resulta numa versão ondulada do sinal modulante correspondente. Com a ajuda de um integrador adequado, podemos anular as ondulações em grande medida. Neste caso, utiliza-se umAD633 como multiplicador, fornecendo PSK como uma entrada e a portadora original como a outra entrada. A saída PSK é integrada com um circuito RC adequado para obter a saída desmodulada.

DIAGRAMA DO CIRCUITO MODULADOR PSK

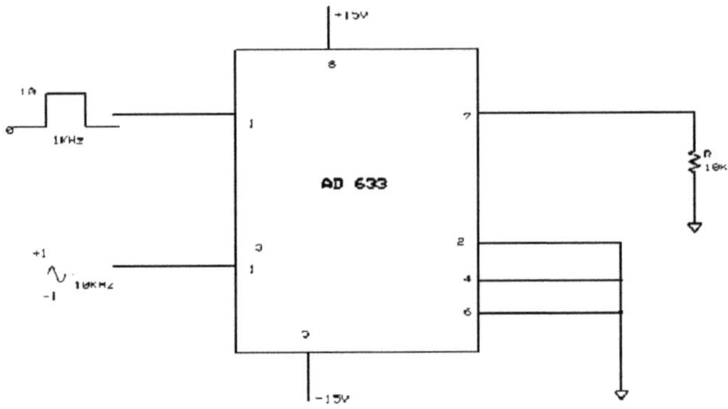

DESMODULADOR PSK

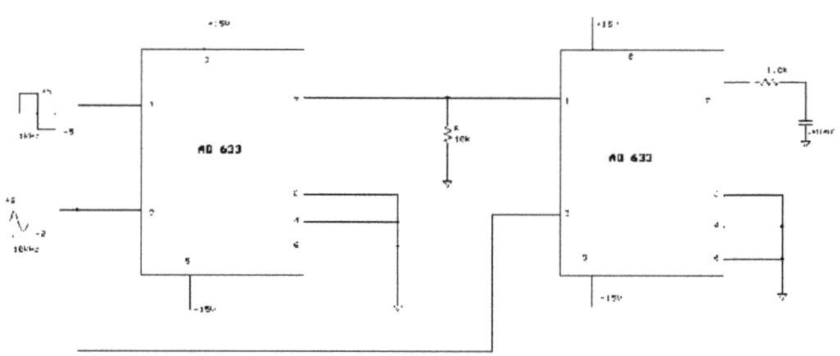

FORMAS DE ONDA ESPERADAS

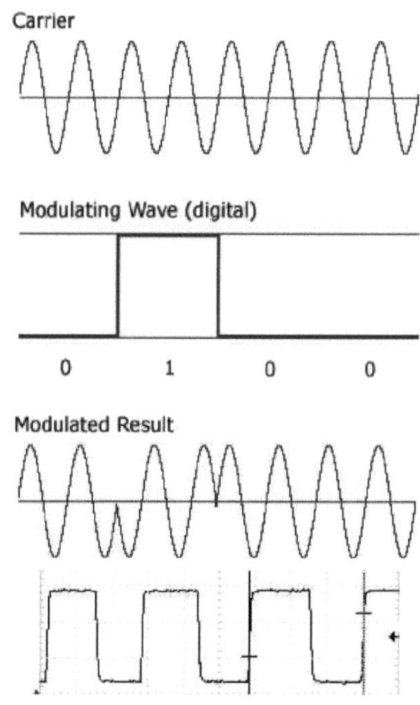

PROCEDIMENTO

Um sinal de onda quadrada de 10Vpp,1KHZ e um sinal sinusoidal de 4Vpp,10KHZ são dados como sinal modulante e portador, respetivamente, e o sinal modulado PSK e o sinal portador são dados como entrada do segundo AD633.

RESULTADO

O circuito modulador e desmodulador PSK foi concebido e configurado utilizando o AD633.

Experiência n.º 11

GERADOR FSK USANDO 555

AIM

Projetar e montar um circuito gerador de FSK utilizando o CI temporizador 555.

COMPONENTES NECESSÁRIOS

IC 555, BC 107, Resistência, Condensador, Alimentação DC, Gerador de sinais, CRO, Placa de pão, etc.

TEORIA

No sistema FSK binário, os símbolos 1 e 0 distinguem-se um do outro através da transmissão de frequências diferentes, ou seja, o binário 1 tem um conjunto fixo de frequências e o binário 0 tem outro conjunto fixo de frequências.

O BPSK é gerado pelo temporizador IC 555 em modo astável. A frequência é controlada pelo estado do transístor Ql. O circuito gera uma frequência (F_{ON}) na entrada lógica 1 e outra frequência F_{off} na entrada lógica 0. A frequência correspondente à lógica 1 e à lógica 0 é designada por frequência de marca, frequência espacial. Quando a entrada está na lógica 0, o transístor Q está desligado e, nesta condição, o 555 funciona como um multivibrador astável normal. Neste instante, a frequência de oscilação é dada por

$$Foff=1,45/ (RA+2RB) C$$

Quando a entrada está na lógica 1, o transístor Q liga-se e liga R_C através de R_A . Agora a frequência de oscilação é dada por

$$Fon = 1{,}45 / (RA//Rc+2RB)\ C$$

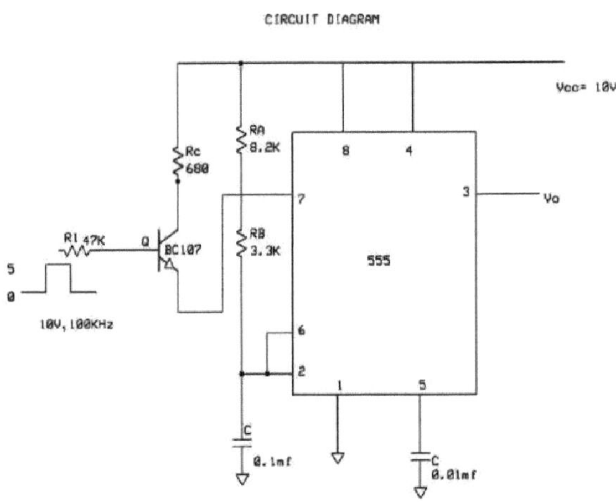

DESENHO

Foff = 1000Hz, fon = 2000Hz

Toff = Tcharging + Tdischaring

= .69(RA+RB)C + .69RBC

Take RB- 3.3K and C = 0.1 μf

0.69(RA+2RB)C

RA= 8.2KΩ

Fon = 2000Hz

2000 = 1/.69(RA‖RC+2RB)C

RA‖RC+2RB =1/2000*.69*0.1*10^-6

RA‖RC = 646.36

1+RA/RC = 12.206

RC = 680Ω

Design of R1

R1 = (Vcc-Vbe-2/3Vcc)/IB

Let IB = 50MA

R1≈47KΩ

FORMA DE ONDA PREVISTA

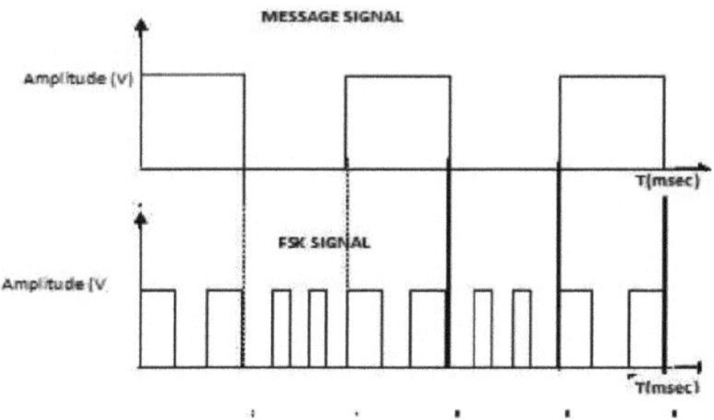

PROCEDIMENTO

O circuito é montado na placa de ensaio. Verificar se o circuito funciona como um multivibrador astável e se o impulso de 10 Vpp 200HZ foi introduzido na base do transístor. Anotar a forma de onda de saída em relação à entrada do CRO.

RESULTADO

O circuito gerador de FSK utilizando o temporizador 555 foi concebido e montado e observou-se a forma de onda de saída.

Experiência n.º 12

ADC SÍNCRONO DE 2 BITS

AIM

Projetar e montar um circuito ADC síncrono de 2 bits utilizando amplificadores operacionais e o respetivo codificador.

COMPONENTES NECESSÁRIOS

IC 741, IC 7404, IC7408, IC 7432, díodo Zenor, LED, resistência, placa de pão, fonte de alimentação, etc.

TEORIA

O Flash ADC, por vezes designado por "ADC paralelo", é o tipo mais rápido de ADC e tem um grande número de comparadores. Um ADC flash de N bits é constituído por 2^N resistências e 2^N -1 comparadores. Cada comparador tem uma tensão de referência da rede de resistências. Que é I LSB mais elevada do que a do comparador que se lhe encontra abaixo na cadeia. Para uma dada tensão de entrada, o comparador abaixo dele na cadeia terá, a certa altura, uma tensão de entrada maior do que a sua tensão de referência e uma saída lógica "1" e o comparador acima desse ponto terá uma tensão de referência maior do que a tensão de entrada e uma saída lógica "0". O comparador é, portanto, de certa forma, análogo a um termómetro de mercúrio.

Porque o conversor flash utiliza um grande número de resistências e comparadores e está limitado a uma baixa resolução e, para ser rápido, cada comparador deve funcionar com uma dissipação de potência relativamente mais elevada devido ao grande número de comparadores de alta velocidade e ao tamanho relativamente grande do chip.

TABELA DA VERDADE:

C3	C2	C1	Q0	Q1
0	0	0	0	0
0	0	1	0	1
0	1	1	1	0
1	1	1	1	1

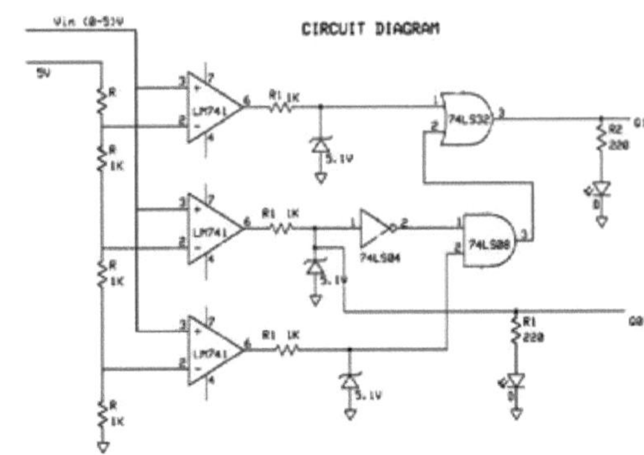

Simplificação do mapa K

C2C3 / C3	$\bar{C2}\bar{C1}$	$\bar{C2}C1$	C2C1	$C2\bar{C1}$
C̄3	0	0	1	x
C3	x	X	1	x

$Q0 = C2$

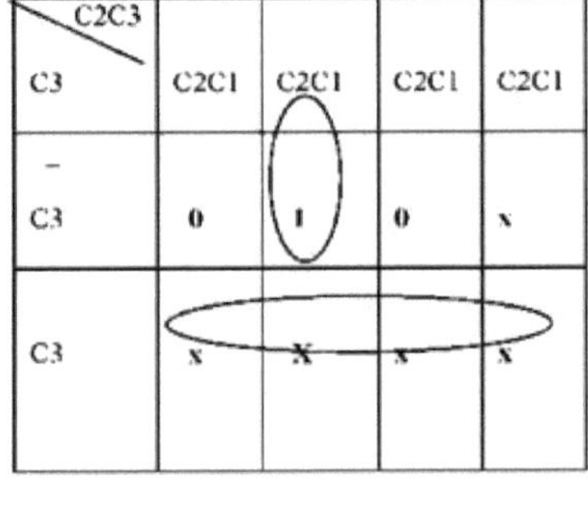

C2C3 / C3	C2C1	C2C1	C2C1	C2C1
C̄3	0	1	0	x
C3	x	X	x	X

$Q1 = C3 + C1\bar{C2}$

DESENHO

Os níveis de tensão nos nós são efetivamente divididos entre a tensão de referência e a terra. Assim, todas as resistências R são de valores iguais e R = 1K

Seja I = 10mA

R1 = 13- 5.1/10mA = 790Ω

Tomar 1K std.

OBSERVAÇÃO

Voltage(V)	Q0	Q1
0 – 1.25	0	0
1.25 – 2.5	0	1
2.5 – 3.75	1	0
3.75 - 5	1	1

PROCEDIMENTO

As ligações são efectuadas como se mostra na figura, depois de se verificar se estão corretas. A tensão de entrada é variada e a sequência de bits correspondente é observada.

RESULTADO

Foi concebido e montado um ADC síncrono de 2 bits utilizando um amplificador operacional e o respetivo codificador.

Experiência n.º 13

CONVERSOR DIGITAL PARA ANALÓGICO

AIM

Conceber e configurar um conversor digital-analógico do tipo escada R-2R de 4 bits

COMPONENTES NECESSÁRIOS

IC 741, resistência, CRO, gerador de sinais, placa de ensaio, fonte de alimentação, etc.

TEORIA

O DAC em escada R-2R é o mais utilizado. Esta configuração consiste numa rede de resistências que alteram o seu valor de R e 2R. A entrada digital determina se cada resistência é comutada para a terra ou para a entrada inversora do amplificador operacional. Cada tensão de modo é selecionada para uma Vref através de uma relação binária ponderada causada pela divisão de tensão da rede em escada. A corrente total que flui de Vref é constante. Uma vez que o potencial na parte inferior de cada resistência comutada é sempre uma tensão zero. Assim, a tensão do nó permanecerá constante para quaisquer valores de entrada digital. A tensão de saída Vout depende da corrente que flui através da resistência de realimentação R4, de modo que Vout = lout x R4, onde lout é o mínimo de corrente relacionado com a saída digital.

CIRCUIT DIAGRAM

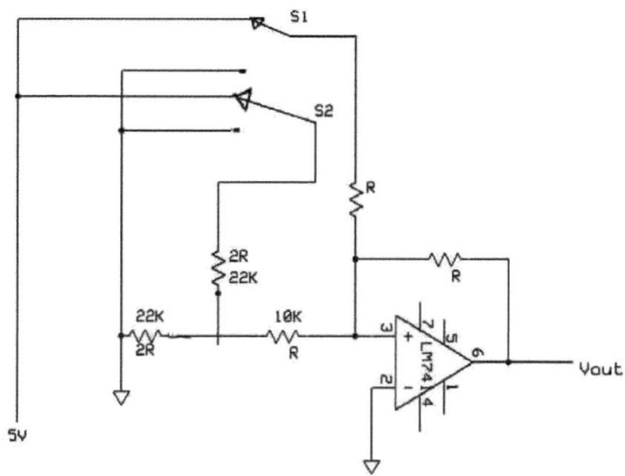

Seja R = 10KQ , então 2R = 20KQ, tome 22KQ std

OBSERVAÇÃO

S1	S2	Output(v)
0	0	0
0	1	-1.15
1	0	-2.18
1	1	-3.3

CASO 1:

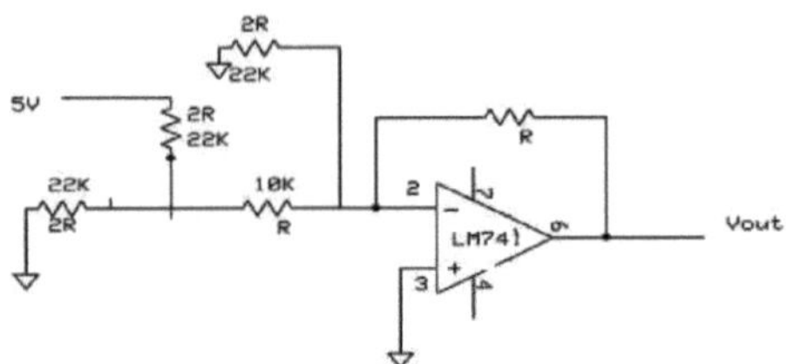

$$Vx/R = 0\text{-}Vo/R$$

$$Vo = \text{-}Vx$$

$$5\text{-}Vx/2R = Vx/2R + Vx/R\ ;$$

$$5/2R = Vx/R + Vx/R = 2Vx/R$$

$$5/2R = Vx/2R + Vx/R + Vx/2R\ ;\ 5/2R = 2Vx/R$$

$$.:\ Vx = \text{-}1.25$$

CASO 2:

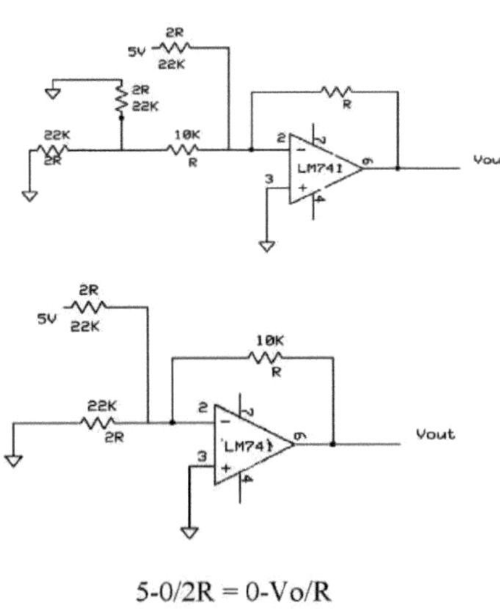

$$5\text{-}0/2R = 0\text{-}Vo/R$$

$$Vo = \text{-}2.5$$

CASO 3:

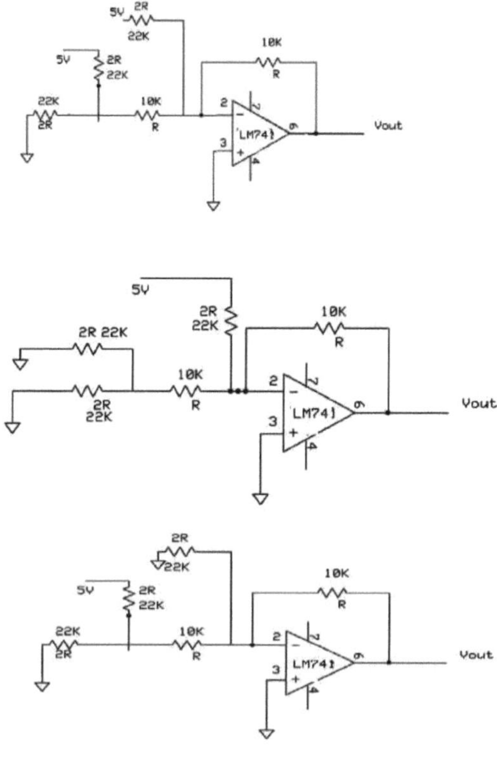

Vout = -3.75

PROCEDIMENTO

Testar os componentes e montar o circuito. Ligar a fonte de alimentação do IC 741 e alimentar manualmente as entradas binárias de 0000 a 1111 e medir a saída. Repetir o mesmo procedimento com o IC 7493 e observar a saída.

RESULTADO

Foi concebido e montado um conversor digital-analógico em escada R.2R de 4 bits.

Experiência n.º 14

GERADOR DE FORMAS DE ONDA EM ESCADA

AIM

Projetar e montar um conversor digital-analógico em escada R.2R e obter a forma de onda de saída.

COMPONENTES NECESSÁRIOS

IC 741, IC 7493, Resistências

TEORIA

Num gerador em escada, um comparador abre um portão durante um período de tempo e o contador conta o número de impulsos que passam pelo portão. O compensador mantém a porta aberta até que o equivalente analógico da saída digital do contador seja igual à tensão de entrada a ser digital

É utilizado um contador binário de 4 bits 7493 para contar os impulsos. Um amplificador operacional com rede ladder R-2R é utilizado como conversor digital para analógico. A saída do comparador fornece uma saída alta desde que a tensão de entrada +ve seja maior do que a tensão de entrada -ve. Vin é a entrada do circuito e Vo é a saída. Podemos gerar uma forma de onda em escada convertendo a saída do contador digital para a forma analógica. Assim, para gerar uma forma analógica ascendente com uma escada R-2R e um amplificador não inversor. Um DAC na sua forma mais simples utiliza um amplificador operacional e uma resistência ponderada binária ou uma resistência em escada R-2R.

GERADOR DE FORMA DE ONDA DE ESCADA ASCENDENTE

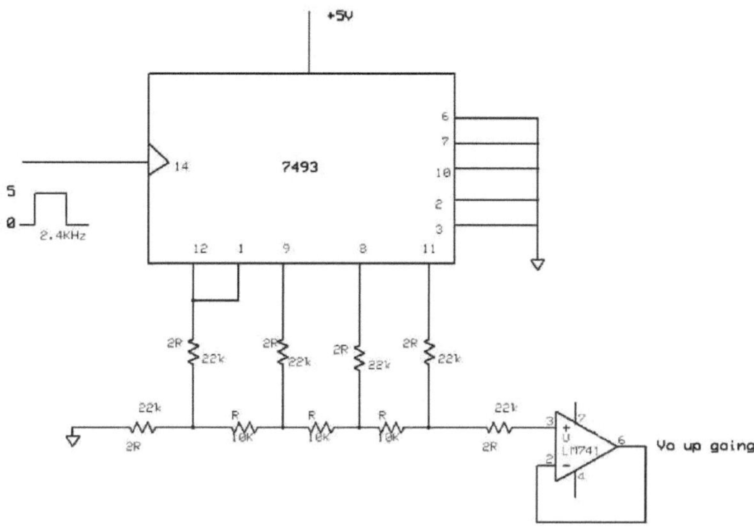

GERADOR DE FORMA DE ONDA DE ESCADA DESCENDENTE

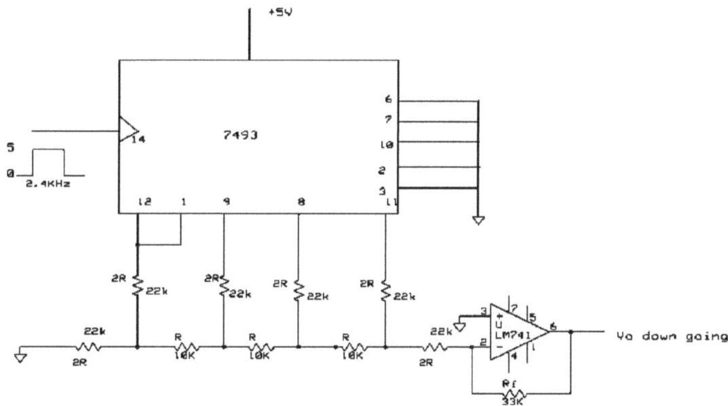

DESENHO

As resistências em escada R-2R são selecionadas de forma a que 1K<R<100K :. R = 10K

E 2R = 20K~ 22KΩ

Para gerador de forma de onda descendente

Rf/Rin = 1

Rin = (22+10)K = 32K & R_f & Rin = 33K

FORMAS DE ONDA ESPERADAS

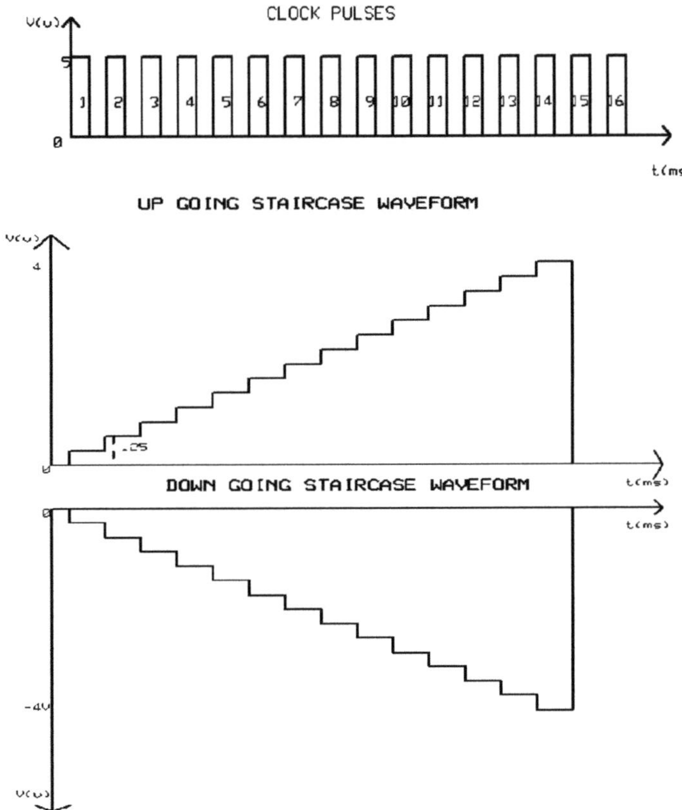

PROCEDIMENTO

Os componentes e equipamentos são verificados quanto às condições de funcionamento adequadas. O IC 7493 é o contador IC. O circuito foi montado. O bit de saída de LSB a MSB foi verificado após fornecer o relógio do gerador de sinal. A escada R.2R foi organizada para fornecer DAC. A configuração do amplificador operacional determina se a saída é ascendente ou descendente, ou seja, para a escada ascendente, a saída do amplificador operacional é configurada simplesmente como buffer e para a escada descendente atuaria como um amplificador inversor de ganho unitário.

RESULTADO

O conversor digital para analógico R.2R é projetado e observa-se a forma de onda de saída.

ABREVAÇÕES

1. AM- Amplitude Modulation
2. FM - Frequency Modulation
3. DSBFC - Double Side Band Full Carrier
4. PPM- Pulse Position Modulation
5. PWM- Pulse Width Modulation
6. PAM - Pulse Amplitude Modulation
7. ASK- Amplitude Shift Keying
8. PSK – Phase Shift Keying
9. FSK- Frequency Shift Keying
10. ADC- Analog to Digital Converter
11. DAC- Digital to Analog Converter

REFERÊNCIAS

1. Simon Haykin, "Sistemas de Comunicação"
2. Ziemer R.E. & Tranter W.H., "Principles of Communication" (Princípios da Comunicação)
3. Dennis Roddy, John Coolen, "Comunicações electrónicas"
4. Sam Shanmugam K., "Sistemas de comunicação digitais e analógicos"
5. Lathi B.P., "Modern Digital and Analog Communication Systems", 3ª Ed.
6. George Kennedy, Sistema de Comunicação
7. Couch, Sistemas de comunicação digitais e analógicos

Preparado por Bindu Sebastian, Adarsh K S , Vinod J Thomas e Sini Joshy.

Departamento de ECE, Vimal Jyothi Engg College Chemperi Kannur Kerala Índia 670632

Printed by Books on Demand GmbH, Norderstedt / Germany